当代城市景观与环境设计丛书·16

都·市·夜·景

陈耀光　编著

中国建筑工业出版社

图书在版编目(CIP)数据

都市夜景／陈耀光编著．—北京：中国建筑工业出版社，2002

(当代城市景观与环境设计丛书·16)

ISBN 7-112-05278-5

Ⅰ.都... Ⅱ.陈... Ⅲ.都市—景观—室外照明—照明设计 Ⅳ.TU113.6

中国版本图书馆 CIP 数据核字(2002)第 063205 号

当代城市景观与环境设计丛书·16

都市夜景

陈耀光 编著

中国建筑工业出版社出版、发行(北京西郊百万庄)

新华书店经销

北京广厦京港图文有限公司设计制作

精美彩色印刷有限公司印刷

*

开本：889 × 1194毫米 1/20 印张：6

2002 年 11 月第一版 2002 年 11 月第一次印刷

定价：48.00 元

ISBN 7-112-05278-5

TU·4928(10892)

目录

都市夜晚的黑幕是背景。早出晚归的人们在夜幕中，在寻觅回家的路上，穿越着城市、交错于广场，在都市的交通、建筑、繁华商业和文明社区错综网络之间流动、蔓延。人们很少确切地记录曾几何时，黑夜彻底降临，又曾几何时，都市夜光已经渗透在城市的每个角落，衔接着白昼，宣告着丰富、灿烂都市辉煌夜生活之来临。

整齐有序的道路街灯，将城市交通的干道先入为主地引入夜幕，分割着城市的轴线。橱窗、店面、霓虹灯开始以点的形式丰富着黑幕，绚丽的商业设施斑斑斓斓，随之，众多建筑以表现体量的形态耸立在大街的两侧，此时，城市夜景的轮廓已开始展现。满街是动态的景象，到处充满了移动的灯光、环绕的灯光、飞舞的灯光——这是对追求愉悦生活的表述。在这种流光溢彩的都市夜景中，我们体验了一种由白天到夜晚、由原始到现代的科技文明的转换过程。这种转换不仅是昼与夜自然现象上的交替，事实上，也是白天都市轮廓的延续，是白天城市识别性的延续。夜景在延续着白昼的使命，突显着白天由于自然条件约束而无法表述的，由神奇光色所带来的丰富、绮丽。

白天自然光下呈现出的都市景观是理性的、本来的、天然的。而都市的夜晚是动情的、感性的、诱人联想的，甚至是有点言过其实的。在这里，人们只能感觉到光的形态、光的体量，而没有质感，甚至分辨不出材质、肌理。没有高贵和低贱，只有高低和生动，即便是水泥砌成的建筑在彩色泛光的作用下也可能是金碧辉煌；纵然是沥青构筑的道路，在街灯的投射下也会是金光大道。

在提供特别高度据点的条件下，我们随飞机徐徐翔落，对都市夜景的探索于期待中开始：俯瞰巴黎、伦敦，世界潮流尖顶的优雅；纽约、香港，纸醉金迷的繁华异彩；拉斯韦加斯，不夜城的恋情欢娱；威尼斯，波光涟漪，水的世界在光照中更加淋漓。

其间，我们领略着城市的上空，领略

着城市的规模，城市中的自然景观、山□湖泊、交通脉络以及商业区的分布，构□出无穷无尽、个性迥异、千姿百态的都□夜景鸟瞰画面。其间，汽车在城市中扮□着玩具的角色，南来北往，带着颜色在□动。我们的视觉捕获了各种光照的组合□我们耳边也仿佛听到了各种光组合的"□音"。可以想像，在没有光的夜晚，都□的空间将显得空朦，布局松弛，缺少限定□道路与建筑迷离，城市与建筑的关系变□模糊，人对于空间环境的识别能力减弱□没有方向、没有形态的世界不可想像，□的伟大是人类文明历史发展的一个必然□物。借助夜景照明，将艺术、技术与城□环境融为一体，照明带来的不仅是光亮□及视觉识别上的满足，它还传达了商务□济、人文地理、风土人情、政治权力以□文化生活节奏等一系列城市讯息。

时至今日，人们对夜景泛光照明□注重已从20世纪五六十年代追求交通□能、营造以彩珠串成柱的喜庆气氛，至□九十年代的烁烁霓虹具有商业广告意味□传之营造，照明技术在当今的发展已到□全新意义的城市夜景诠释。

都市夜景照明，可将城市走线在□间视觉化，夜景中闪烁、雀跃的光点，□斓迷人的照明线条，在黑的"底"上更□魅力、更深远。我们努力将光平等地分□给每个城市，我们驱赶阴暗，让黑夜在城市中消失，使人们彻底改变了"日出而□日落而息"的单一生活轨迹。

夜晚，朝着符合个人情趣的灯光□步走去，到处都是灯光营造的景观，街□的光亮提供了安全的保障，景观中有着□富的场景和引人入胜的情节；被照明重□的建筑形象、发光的城市与无穷的光影□化，一齐在都市夜空间中张显着"光怪□离"的景象。

夜幕降临时，人们常说城市开始沉睡□其实，城市并未沉睡，它喧闹着、光彩着□

陈耀□
2002 年春于杭□

一、城市鸟瞰

　　都市的夜景绚烂、魅影绰约。借助飞机、高空缆车、山顶高层建筑、电视塔等高视点来体验都市夜景，广场、商业区、住宅区、旅游风景区、道路网络、环境小品等元素共同构建了都市的夜空间，丰富着城市夜景，构筑了城市夜景中的点、线、面。散落于夜景图中的点通常具有标志性，是城市中某一区域的中心和缩影，成为城市该区域的象征。而纵横交错的道路网络、清晰明朗的城市轮廓线及城市的天际线等线形元素，连接起城市夜景中的点，集结而成丰富的夜景景观。街道轮廓与自然景观、环境绿化及小品配景等集合，景点与道路串联，点与点聚集，多种组合，构成了片、面的景区。

　　白昼的城市轮廓借由其边缘建筑的形体、色彩及建筑阴影等来确定，而夜晚，则借助城市灯光来勾勒，以异于周围地域，界线分明，如此，完整明确的轮廓线才能直观地体现城市的形状规模。

　　俯视下，都市夜空间中，汽车、高架的桥梁、道路、形体各异的建筑物、绿化小品等景观元素被光影、照明从夜晚的黑暗中解放出来，在黑色的高空中呈现出蓝色、金色、白色或紫色。凭借夜景照明，有时，远距离、高视点观望，整个城市在夜间被笼罩在一片蓝色或橙色的光芒之中，眩目，充满动态活力，一派"乐生"景象。

深圳夜景：高空俯瞰下的深圳之夜恍若没有边际的灯之海，火之洋，迷离璀璨，一幅都市不眠的"乐生"景象。

杭州延安路夜景：杭州的夜晚，虽没有不夜城的醉眼异彩，却仍有车灯串成的城市轴线，轮廓明朗，红与白的动态光带在延续。

二、广 场

广场,作为城市夜景的重要组成部分,它包括城市中心广场、交通广场、机场、车站及港口的前广场、停车场和广场等,以及广场附属设施:如广告牌、大屏幕显示屏、过街天桥、公交车站、地下交通道之出入口、道路交通标志等。这类开放空间,在夜晚所显现出的使用性、功能性、标志性要丰富于白昼。其中,城市广场是城市夜空间环境主体——人,进行社会性活动及休闲流连漫步的中心,遵循城市功能的要求进行设置。广场的夜景,极具人文特质,集中展现着城市的艺术面貌,为人们提供了了解城市、体验城市的平台。

在都市夜景中,照明始终是举足轻重的一笔浓彩,对广场的照明应注重功能和装饰的双重性。出色的广场照明,使环境、氛围 、文化、周边建筑物和谐相融,形成主次分明、错落有致的广场建筑轮廓线。

在广场照明中常会使用重点气氛照明灯具,利用探照灯、聚光灯等高亮度照明,来勾画空间轮廓,使其在夜间仍然不失情趣与意境。而色光的配置,赋予夜晚的广场空间更多的生动表情。

城市具有特性,广场也不例外。夜幕中,广场的不同性质正是靠灯光照明来塑造形象、突出其自身特性。

诸如对具有特殊文化形象内涵的广场,因其具有历史文化名城、现代化国际都市等多重特性,故其夜景既有对历史文化传统的继承,保护整体格局,弘扬民族传统;又富有地方特色和时代精神。在广场照明的处理上,可以以建筑照明为点,广场照明为面,周围绿化带及道路照明为线,以点为主,用线相连,点、线、面多重结合的手法,营造出合乎广场个性的夜景观,体现时代特性与地域文化的有机结合。

北京西单文化广场夜景一：黑幕的中心，白色内透光使玻璃体通透灵秀，与远处建筑的橙色光照一起制造沉默背景中的光效语言。

北京西单文化广场夜景二：照明赋予广场上的各类小品、雕塑以各异的情趣景象。一种光的色相，多重形态的复合，构造光空间的体量、层次，达到广场氛围的背景厚度。

北京西单文化广场夜景三：白天，建筑师对门拱的排列节奏、序列的表达，不及夜晚灯光策划师把这种意境传达得更加彻底和生动。地面上的点、立面上的面，树立起一组强烈的光的通道，颇具感染力。

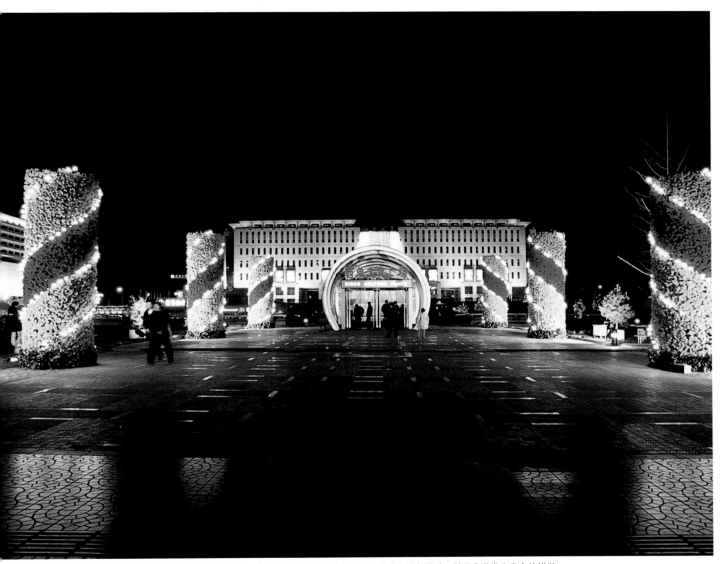

北京西单文化广场夜景四：节日喜庆的氛围，不仅是光的体现，更注重附着于光周边的色彩，使光色交相辉映，甚至有激发出声音的错觉。

北京西单文化广场夜景五：对主题雕塑的照明，更加有讲究，它既有强弱，更不失雕塑体量的整体，使原创的雕塑意义在夜景中更有升华、联想的余地。

州新客站：作为杭州交通城门的象征，作为交通运动的主体高度明亮着，处于充分的使用状态，是照明功能意义的极大表现。

杭州武林广场：作为繁华都市空间的中枢，有静态广场和喧嚣商业背景的对照。

三、街　道

都市夜景中，街道交织形成网络，它以线状的形式存在着，构成城市的脉络。这种脉络，在夜景中才具有鲜明的形象，它串接起一个个单一的点，使都市的夜景不至于支离破碎，而是形成一个有序的整体。美丽的街道夜景是街道上所有光线的交织与汇合。

其中，步行街支持着城市夜间商业活动，影响到整个城市的生活形态。穿流的人群、探询的目光、流光溢彩的灯光照明，使都市的夜晚熠熠生辉。当今的人们对步行购物条件的关注已经转到了对交往条件的关注，而照明导演着人们的交往。

街道上的其他附件元素，如花坛、公交车站、电话亭、邮筒、垃圾箱、路灯、交通信号标志、座椅、户外艺术品及行道树的存在，界定了人行空间，人流与车流各行其道，互不干扰，同时也塑造了人行空间的运动感或滞留性，动静相宜。这些元素，在夜晚，同样需要被表现和展露，其功能的发挥不分昼夜。照明的提示与强调，使它们不至于隐退于夜色中。

灯光的垂直照度烘托着街道夜晚的热烈气氛，提高垂直照度，可以渲染出喜庆和喧闹的都市氛围。用于街道照明的方式丰富多样，灯具造型是街区特色的组成元素之一，烘托并强化城市特色气氛，不局限于消极地作为装点环境、交通照明的功能性构件而存在，而是成为城市中有时间或历史意义的元素。街灯也不只是具有凝固的造型与意义，超越时间性的造型元素，超越了单纯"型"的概念，看似中性，实际却饱含了某种精神象征、城市风貌。街灯，城市夜景中不可不提的重要元素，在城市的行进过程中应与城市步履一致，与城市主题呼应、协调，而不是城市每前进一步，它们就更换一次"新衣"。道路照明的基本功能要求是高效、长寿，其光源中汞灯已难觅踪影，一统天下的几乎是钠灯，努力提高钠灯的显色性，丰富了城市夜晚的色彩，脱离了平淡与单一。

车行道网络，遍布于城市的每个区块，车行道上，小汽车的车灯灯光串成一条发光的城市轴线，成串的光点在游弋、在行进。这种由汽车灯光构成的城市轴线是一种现代文明之光，它活化了城市轴线，特殊的流动的线形灯光构成了都市夜晚特有的景象。

夜生活，构成了城市夜空间环境的动态元素，表达着城市夜空间环境的意图和作用。夜市，多元、灵活，没有屋顶的购物中心，给人以热闹、拥挤、脏乱并带点人情味，富有地方色彩的形象特征，它的市井气不同于高档购物商场，但这恰恰使人们的精神得以松弛、舒展。

城市夜晚的街道，动态，充满了人文气息。

杭州延安路北口：同样对建筑进行投射，由于光照、密度和建筑形态的各异，对视觉形象的传递也各不相同。

州世界贸易中心：草坪灯箱广告、线条明晰的建筑形体、光色清冷的照明，与白天作为都市会展中心的繁华、热闹，迥异有别。

北京天安门广场行道树照明：开阔、次序、远近，还有冷暖，在夜景中均以灯和光的语言传达着类似的影像。

杭州吴山路古玩夜市:
寻名都古城的吴越风貌
旅游痕迹, 小摊、小贩
铺位照明, 给选购产品
游客提供目的性服务。

州江南村茶楼：江南传统的照明与江南现代的商业，构成传统与现代的融汇。

杭州南山路茶人居茶馆：每个城市对树在夜景中的运用技巧各有不同，此处，将灯笼叠合串连悬挂于树上，穿梭于树枝间。

杭州人民路和茶馆：两行红灯笼，诱发记忆中对红火、对传统的追寻。

北京贵宾楼红墙咖啡厅红墙照明：庭院深深、红墙高耸，照出了红色热情，照出了红色神秘，谁都想破"红"而入。

四、建　筑

建筑是城市空间最主要的决定要素，在夜间也如此。建筑及其群体在城市夜空间中组合方式的优劣，就视觉而言，直接影响人们对城市夜环境品质的评价。

建筑群体构成不同性质的城市区域，满足城市空间性质的要求；建筑群体夜空间环境应与城市的性质定位相适宜。具有行政、政治意味的城市中，其建筑物夜景所营造的是雄伟、庄重、壮观之态，气势恢弘；商业气息浓烈的城市，其夜晚的建筑物张显着繁华、流金之感，华灯高上的都市夜景具有娱乐、休闲特征；而具深厚文化底蕴的城市，其夜景中必盛满了浓郁的文化、人文趣味与景致。

"光是艺术的生命"，"光是夜晚的建筑师"，建筑中的光可以转变为光的建筑，因为有了光，而且只有凭借光，特殊的建筑艺术效果才能创造出来。因为光，建筑艺术效果在任何一个时刻既可以出现，也可以消失。光之于建筑等夜景构成元素而言，其作用非同一般。都市夜景主要通过光对城市空间进行二次设计，要充分考虑建筑的文脉（即其物质形态背后隐含的深层文化底蕴）、建筑的体量、形态、新旧程度、色彩、风格、材质等，灯光专注服务于建筑物在夜间的特殊表现，依历史个性与情味，分别度裁光色与亮度，使建筑组合精彩、协调，将建筑物的夜间形象塑造得灵动、饱满。

建筑物，特别是标志性的建筑物是都市夜景照明的重点，强调它的夜间面貌，需研读建筑物的所有语汇：内部的以及外围的，在照明设计上注重整体性、协调性、主次明确、性格吻合，将建筑物融于夜景中，共呼吸而全无牵强、疏离之感。考虑建筑物和空间的关系，不能使主景块面孤独地处于黑幕中，像是在黑底色中涂了一片黄色、绿色、蓝色或其他颜色，呆板、无趣。

分层重叠布光的泛光照明以及运用轮廓灯和内透光，可完整表达建筑物的形态特征；而注重对突显重点细部、材质与凹凸墙面的照明可采用局部投光照明，远近交替。

各类对建筑物的照明方法轮换交替或重叠使用，都使得建筑物的夜景照明在主视线方向具有令人满意的景观效果，还兼顾其他方向和近、中、远景的不同照明效果和景观感受，层次丰富、立体感、律动感强。

夜景照明中色光的运用，烘托或改变着建筑物的原貌与个性，符合建筑物个性的色光的照射塑造诸如：大型公共建筑、政府办公大楼、纪念性建筑、交通或金融大厦、宾馆饭店、商业建筑、文化娱乐建筑及园林建筑等不同性质类型的建筑物，使彩色光与建筑物功能相协调。公共建筑夜景照明用无色光照明或必要的局部小面积的彩色光运用，营造庄重、简洁、和谐、明快之感。商业或文化娱乐建筑因彩度较高的多色光的照明，具有繁华、兴奋、活跃的彩色气氛。

都市夜空中，远处明亮多彩的激光束，有规律地运动或组成图案类美化着夜景；或是重复有规律而快速移动的激光束投射到建筑物的室外墙体上，美化了建筑物；再者，远处的超高层建筑群被灯光照得通明，显现出雄伟壮观的造型，如此的一般景象，叫都市的人们怎肯轻易放弃美景，酣然入睡呢？

北京故宫角楼：故宫角楼是远古历史遗留的沉淀，但此番照明商业感浓于厚重的历史感。

北京饭店入口：建筑照明营造出恢弘的体量感，规矩、周正。

京前门箭楼夜景一：周边没有明确的参照物，建筑形态的特征在平均泛光照明的条件下依然巍峨、俊武。

北京前门箭楼夜景二：冷暖光的有效控制，可使建筑光形态散发出崇高、神圣的意境。

北京前门箭楼夜景三：主光和侧光的相互良好作用，使建筑体量具有适度的表达。

人民英雄纪念碑：整体和局部的照明、冷色与暖色的反衬、主体高度与群体基础层次分明，一目了然。

北京广播电影电视总局大楼：建筑外观明晰、光色块界面限定明确，这种平均分配的纯体量照明是体现建筑本来轮廓的最有效手段，当然塔楼部分暖色的高光自然成了视觉中心。

国人民银行：体量照明和线形照明的结合，是一组比较成功的案例。

人民大会堂：因周边没有建筑物和配景的光照而显得既显眼又明确。

北京天安门：遥能观整体，近能显细部，夜晚的天安门建筑庄严、肃穆，有着京城特有的气度。

毛主席纪念堂：夜幕中的纪念堂像水晶宫似的通体透亮，面光、点光、线光不同手法交错，达到整体统一、层次显现，是有一定难度的。

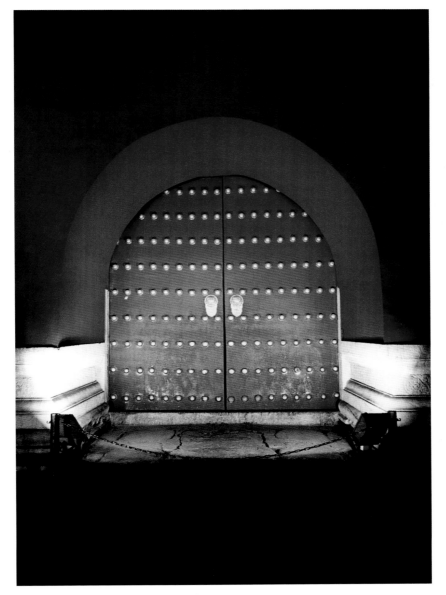

北京天安门洞门：中国红与王者金的传统结合。

在没有显著空间和体量的信息传递时
光和色彩依旧在传递着不同凡响的语言

光对形体的作用具有如此奇特的效应
真的难以令人置信，甚至怀疑建筑师
设计形态以前，就已暗藏了光的契机

世界景观图例上，有各种塔桥的造型，此夜幕中的塔桥光色兼备。

秋高气爽、皓月当空，红、蓝、白，在交相
辉映中，没有勾起贯常的那份纸醉金迷的
联想，而是清新悦目、傲然挺立。

灿烂辉煌的意义可见一斑，不论是水泥，还是涂料，玻璃还是塑料，在夜空中的光影下，所有质感在视觉中都得到提升。

水景倒影，酷似发光的汉堡。

与其说是一尊古典建筑，倒不如说像排箫。

入口作为进出的功能，
光的特殊提示下，我们
得的不仅是形体，我们
有了方向。

褐色的贵族，神秘欲滴。

点光源、面光源，交相呼应，形成色彩的节奏。

神秘的夜景，梦幻的氛围，光的神奇，次序的空间，协调而智慧的画面。

雕塑有动雕、静雕、石雕、铜雕，在此空间中，光投射于构件形成都市夜景中的一组和声小夜曲。

在通常意义上，光是散漫的、随意不可驾驭的，而在这里，我们深深感知光在控制和被驾驭的轨道上如此严谨有序。

建筑与环境，融为一体，室内的暖色光成了亮丽的点缀。

五、商店入口、橱窗

都市夜晚的商业空间繁华热烈、绚丽璀璨，位于城市的中心区域的商业街是集购物、通行、休息、游览、娱乐于一体的综合性商业空间，构成城市人流的主要吸引点。行走、川流于商业街上，远观建筑，近看店面和橱窗，街区景观的组成元素在视觉上是否保持良好的连续性和统一性是商业空间营造的成败之笔。在电子商务时代，人们到商店是为了消磨时间，他们渴望得到的是感受，而不单是商品。

商业街建筑立面的表现元素主要有：橱窗、广告灯箱、霓虹灯广告、店面照明、街道灯具与其他小品设施等。

商店的橱窗，是商品最具门面性的展示处所，路人或购物者，或从旁匆忙走过，或驻足停留，橱窗中的商品信息通过灯光的焦点照射与发散，轻易跃入人们眼中，传递给受众。橱窗传达着商业讯息，在夜晚，借助设计出色的照明，更是锁住了人们的视线，成为商店外围空间的视觉中心。

商店的入口和橱窗是人们的视觉最早接触商店的部分，其功能性与标识性共存。入口是城市公共空间与建筑空间相邻的界面，商店入口在夜晚的作用，如同一股极具吸力的暗流，照明、色彩的综合运用，连接起室内外空间，对顾客产生一种向内的吸引力，人流被灯光指引着步入店内。

霓虹灯、室外泛光灯、石英聚光灯、滤色器以及激光灯柱是门面和入口灯光照明常用的方法。

霓虹灯是商业环境中最具代表性的景观因素，以其变幻闪烁的光色，给街道带来了与白天风格迥异的景观特色。

商业夜环境气氛与景观创造过程中，需恰如其分地处理好各种光的强弱、光色搭配、光造型等问题。不单纯地追求霓虹招牌的大面积或泛光灯之眩目色彩，而是制造光与影构成的层次与图案。光不在亮，光、影、颜色与不同的光度漂亮的平衡才可塑造符合功能、审美的店面形象。

北京西单商业区过街天桥一景：天桥是建筑空间延续的一个部分，也是建筑光影的延续。这是以序列的点、交错的线形成了一组构架的面。

深圳世界之窗：其建筑外观照明极具趣味性，勾勒建筑轮廓的光带线条简单、明确，生动的线条、饱满的纯色，具有神秘的游戏幻想。

杭州百货大楼夜景。

杭州耀江广厦外观：建筑体上方射出的彩色光带打破了城市夜空的寂静，活跃了夜空的气氛。

杭州望湖宾馆：休闲舒展的光环境使宾客们有了一处栖息之地。

杭州大厦购物中心入口：室外的点光源与室内斑斓的商品信息构筑着繁华与热烈的氛围。

杭州银泰百货外观夜景：五彩的线形发光条构成球状灯饰，绚丽着商场的外广场，而照明使商场的建筑外观一览无遗。

杭州武林路服饰街夜景一：连成排屋的服饰店，小巧亲切，三原色灯的投射提示着店内服饰的定位，丰富了〝街〞的色彩度。

杭州武林路服饰街夜景二：“跳舞女孩”挨着“跳舞男孩”是何番景象？是活泼张扬火红的青春，是色彩与光影交流的旋律。

杭州雅戈尔专卖店：亮度极低的四周，更显室内的喧嚣。建筑竖向的分隔投影，成了光体量的节奏。

杭州某服饰店外观：常见的投光照明因有了成串彩球的配伍而不显平淡。

杭州某专卖店外观：纯净的是店外的景致与照明，琳琅的是店内的商品，"名店"自有名店的气质。面光与点光的结合触目醒亮。

杭州利星购物广场入口及外观夜景：入口的柱体借由内透的灯光而使得材质的特殊肌理显现无遗，含蓄、朦胧却同样贵气。

"德克士炸鸡"店外观夜景：鲜明、跳跃的店面形象在夜色中诱惑着路人的胃口，连锁超市店的夜景形象既公式化，亦普及化，更商业化。

杭州大厦购物中心外观夜景：灯光在橱窗中流泻，直线跳入行人的视线，与广场上的配景构成逆光反差的生动效果。

杭州百货大楼外观一：由于目前泛光照明的局限性，有效投射区与非有效投射区的明暗对比更需要上下呼应的光层次效应。

杭州百货大楼外观二：通透的室外自动扶梯，由光带引导着上下的人们，光对材料的反射使较为敏感的不锈钢在此亦不显得俗美。

州南山路卡卡酒吧入口：没有招徕的色彩与浓烈的娱乐幻彩灯光，精彩的是树影婆娑、休闲随意。

杭州某配饰店：黄、绿、黑，纯粹、耀眼，店内的商品拱手相让，由于色彩跳跃，几乎已接近食品视觉传达系统。

色是热烈，红色的构图对视觉的冲击力不可质疑。

玻璃体建筑，是灯光与黑夜的诠释者。

六、广告、标志

都市的夜空间中，令人眩晕的广告灯景和大厦墙体上倾泄而下的光影，告示着灯光作用下广告的神奇与变幻。屋顶广告以巨大的尺度、鲜明的色彩改变了屋顶的轮廓线，从而在宏观尺度范围内改变了商业街景观；墙面广告日趋高大，常代替外装修改变建筑物的形象；广告栏广告由于近人的尺度，以其特有的风格和细部改变商业街景观近景，提高景观的质量。各类广告所造就的不同效果，跳动在都市的夜空间中，创造出层次丰富的都市夜景。

因街道或地区的文化趣味、功能属性、地区环境特质、历史背景条件等因素的不同，夜景中的广告元素呈现出各异的形式、内容、大小及位置。都市街道边，以日光灯为光源的灯箱组成的广告，单看个体只是不起眼的照明装置，但连续配置在街道两侧，却具有一定的艺术意味。具有广泛可读性，功能与审美并重的广告、标志与大众，与环境息息相通。

公益性标志有规律、有共性，具较强的指向性与宣告性，成为公众活动的参照与指示。

而广告性标志因其特有的招徕性、商务性、信息性，无论白天还是黑夜，都抢眼、精彩。它的照度、色彩、方式、密度左右着人们的视觉。夜景中，避免使用统一、有序的标志符号，不致使城市夜空间显现单调与乏味。

夜间，色彩借助视觉冲击力强、色度高的人工光形式来表达，人工光的颜色与黑色的夜空间背景形成对比，显得夸张，色彩感比昼间强烈。因此，广告、标志由于色彩和光照的使用，在夜空间中更醒目、夺人，其功能的发挥也更酣畅、到位。

广告一：如果没有白色灯箱的生动穿插，红色会显得热烈过火。

广告二：如果视觉传达对形体的敏锐是有意义的话，那么这个广告立牌的半圆形就会成为你瞬间捕捉的信息。

广告三：属于平面广告的范畴，无非它有了光的意义，在夜晚那就大不一样。

广告四：暖色的灯柱、冷色的圆形广告，既是夜间照明的路灯，又是城市夜晚的商业风景。

杭州娱乐中心一、二、三：流光溢彩的娱乐空间，其户外店头广告标志照明毫不逊色于店内的多彩娱乐，霓虹烁跃，挑逗着人们即兴冲入那纵情天堂。

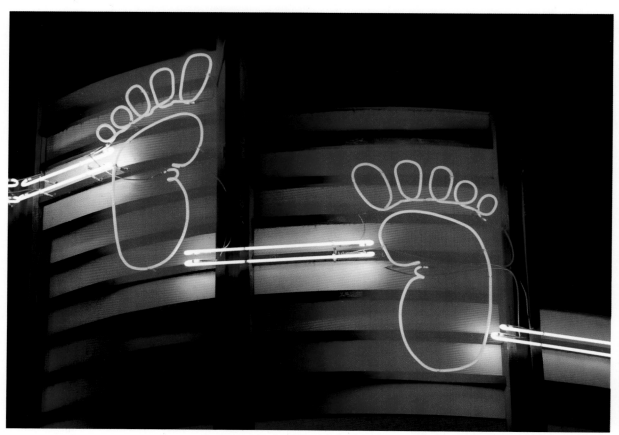

霓虹夜景：灯光所提示的
内容此时并不重要，重要
的是已记住了红色的"脚
丫"，以形态勾勒法来进
行一目了然的提示。

杭州酒吧小聚的街道夜景：通俗的灯光照明，并不努力营造专业，在自然的重组中，它可创一片氛围。

杭州南山路卡那酒吧：薄帘半掩，望见了酒吧内闲坐的人影，上方的霓虹灯闪烁，诚邀过路人加盟啜饮。

杭州南天茶楼夜景：满眼红色光影，朴素的中国红，朴素的百姓情。

广告五、六：原有的商业广告都是以扁牌形式横挂在商业店面上，一些财大、势大的集团企业在当今已将城市的广场作为广告位的载体，所以我们的都市夜景能不繁华吗？

北京王府井大街夜景：公益宣传广告，列队而竖，气势显赫。

深圳世界之窗夜景：虚拟的欧陆情境，真实的感官享受，远处冷光照明刻画着建筑形态，近处店名标识透出温暖灯光，深夜的街道连呼吸都变得安然温情。

杭州曙光路黄龙茶艺馆：绿树葱葱、灯笼高悬，红花还需绿叶衬。

杭州望湖楼：掩于树丛间的亭台楼阁，照明简洁勾勒出其建筑特征属性，而树丛的照明虽只是单纯的翠绿，却逼眼，充满了雨水冲刷后富含氧气的清新，令人神清气爽。

杭州柳浪闻莺公园入口：因为安静，因为夜色，视觉中已不是纷繁的主体入口，而是和谐、静谧的一组夜风景。

杭州西湖夜景：灯光倒映于水中，点增长形成柱，如此斑斓多彩的湖光，似是烂漫烟花。

杭州西湖夜景：杭州的湖光夜色，在灯影交错、波光涟漪中，灵秀、迷离。

杭州西湖夜景：未染一丝现代城市的喧嚣，不再是白日游人纷纷的西湖，幽静的好似行酒作诗、天人皆安的唐朝古景，水是光影诗意的宣纸。

七、配 景

　　城市夜晚的空间天人合一，在人影攒动、灯火烁跃之间，城市空间中的雕塑、小品、绿化、山水等元素的存在柔化了建筑物体的刚硬组合。

　　雕塑与艺术小品常构成夜空间的视觉焦点与识别印象标志。照明与雕塑、小品的组合，使夜间的城市更具表现力，其夜间感召力也与此共长。运用点线组合的手法进行夜景照明，将雕塑或纪念性设施构件配置在交通脉络交合处，组成具有图案意象的街道照明体系，并以不同的形态将道路、街道连接起来。

　　而水体、植物与小品共同塑造了动静共生的夜空间环境。城市中的园林绿化地带就其面积而言是城市区域组成的大块面，在夜幕降临时，它并未消失在黑暗中，而是常常借助泛光照明来点缀。园林照明不使用大面积的光照，而是有选择地规划、烘托，常以树木和花卉为焦点，选择名树或造型奇特的树木、绿化作为照明对象，运用不同部位、不同高度、多层次的照明，使园林具有深远、飘渺的意味，具深度感和层次感。有时，与树叶原有的绿色相匹配的光色运用，为夜景生色不少。而在某些场所，草坪灯与串灯的组合产生了韵律感，也会借助地灯的光线来烘托了墙面图案的美感与变幻。

　　在城市夜景的配景元素中，水景应是最富动态的。光照提示下的水景，湖面上的倒影，河面、喷水池、喷泉和瀑布、水幕的流动与声韵交响出城市夜空间的迷离醉人。山水风光丰富与软化着城市夜间的立体轮廓。山体是城市光环境的底景，也是城市特色空间的组景因素。夜晚，水体与人的接近活跃了夜空间气氛。静止或缓流的水面，静态的物体景象倒映于水中的那一刻就具有了运动的可能。静的是水岸边的物体与建筑，动的是水波流转与水边流连忘返的人们，而水与水边物之倒影相映成趣，熠熠水波，反射在建筑墙体上，活化了夜空间。此时，夜景具有了语言。

　　街道上的其他附件元素，如花坛、公交车站、电话亭、邮筒、垃圾箱、路灯、交通信号标志、座椅、户外艺术品及行道树等配景元素组合着夜景的照明所营造的明暗对比，构成了趣味中心。

　　夜晚景观主要靠灯光加艺术加创造。建筑照明的点，路灯组成的线，底景照明构成面，路面形成带，点线为主、点线相连、点线面结合，再加上沿线道路上的广告标志、附属设施及雕塑小品等配景的照明，合理利用过渡夜景，在处理好微观与微观之间、微观与宏观之间的相融相映、浑然一体的艺术联系基础上，将普通的灯光照明艺术化，控制好各组景观元素的平均亮度水平、色调气氛等，形成主次分明、明暗错落、色彩搭配有致的城市夜景。有时，采取一些政府行为，从整个城市的总体布局出发，有序调动各种艺术的表现手法营造城市的景区夜景、小品配景景观。

杭州西湖水面喷泉：水是情，水似风，风情万种皆有精彩的投光。

杭州西湖保俶夜景：山影、水景，绿树
苍翠、湖光隐约山水间，这是光的奇迹

广州珠江边景区照明：头顶静默的大树，水面上横亘着通体璀璨的桥体，有幸赏阅此境此景，夫复何求？

北京故宫宫墙夜景：灰暗到只有树影、水波、余光，是水墨画的意境。

中国人民银行：室外环境
照明可采用杆式立柱灯，
也不妨用点式地灯拉近和
人的距离，没有杆式立柱
灯阻挡建筑成为可能。

北京居住区灯光照明：用
灯光营造氛围。

北海夜景：金光眩目，"宫殿"横卧水面，笙歌不绝，一派国泰民安之盛景。

北京天安门华表夜景：主题性照明，非常注重形体的完整性，因为在中华人民心中，华表是至上的标志。

北京居住区灯光照明：温馨家园的感觉油然而生。

北京居住区灯光照明灯：造型别致，创意新颖的路灯已在全国各处遍地开花，希望有更多的后来居上者，推陈出新、百花齐放。

北京复兴门灯饰：以光和
色彩提示主题性入口。

北京王府井北京饭店一景：如果能将树通过照明而成为一棵蔬菜，也是一种很有趣的创意活动。

绿树，在黑暗中更显翠艳。

佛光泻大地，苍山蕴生灵。

如果说，光在都市夜景中照明功能等等如此而已的话，在这里，光的意义不仅抒情，而且写意。

夜景中，光是凝聚的理由，它是群体活动，是主题展示的核心，所以，我们在黑暗中不茫然。

在矶琦新的作品里，建筑与环境、室内与室外可能是一个模糊的概念。当形态呈现模糊的境界时，光就产生了凝聚的意义。

后 记

　　本书落笔之时，略有未尽之言需在此表述。在本书的写作过程中，对于责编张振光先生所给予笔者的支持及所提供的部分高水准照片，表示感谢，同时也感谢杭州部分图片的拍摄者边光强先生以及娄艳小姐所做的协助收集整理工作。本书的写作，参考了《城市夜景照明规划设计与实录》、《世界都市景观照明》、《城市夜景观规划与设计》、《LIGHTING》、《RESORTS》、《WATER SPACES》等书籍。愿得到读者具借鉴意义的建议与指正。